과학은 어떻게 탄생했을까요?
최초의 과학자들은 무엇이 궁금했을까요?
지금부터 그들의 발자취를 따라가 봅시다.

나의 첫 과학책 1

우리는 궁금한 게 많아

최초의 과학자들

박병철 글 | 김유대 그림

휴먼
어린이

아주아주 먼 옛날, 이 세상에 **과학**이 없었을 때
사람들은 하루도 마음 편할 날이 없었습니다.
아침에 일어나면 오늘은 아무것도 먹지 못할까 봐 걱정했고,
사냥을 나가면 사나운 짐승에게 잡아먹힐까 봐 두려워했지요.
어두운 밤이 되면 걱정과 두려움이 더욱 커져서
사람들은 모닥불을 피우고 둘러앉아
이런저런 이야기를 나누며 마음을 달래곤 했습니다.

"나 오늘 사냥하다가 멧돼지한테 물릴 뻔했어. 너희들도 조심해."

"난 멧돼지보다 비가 또 올까 봐 걱정이야. 애써 모은 식량이 다 떠내려가면 어떡하지?"

"식량이 문제가 아니야. 비가 올 때마다 하늘이 고함치면서 무시무시한 불기둥을 내뿜잖아. 대체 우리가 뭘 잘못한 걸까?"

사람들은 천둥과 번개가 칠 때마다 도망 다니느라 바빴습니다.
왜 그런 일이 생기는지 몰랐기 때문에 더욱 무서웠지요.
게다가 가끔은 화산이 불을 뿜고, 땅이 흔들리고,
강물이 불어나 마을이 통째로 떠내려가기도 했습니다.
우리 조상들은 이렇게 무서운 일이 벌어질 때마다
정든 보금자리를 버리고 안전한 곳으로 옮겨 다녔습니다.
백 년, 이백 년이 아니라 무려 수십만 년 동안 그렇게 살아왔지요.

그러나 세월이 흐를수록 사람들은 소중한 집과
힘들게 일군 밭을 버리고 도망가기가 싫어졌습니다.
그래서 사람들은 자연을 주의 깊게 살펴보기 시작했고,
아는 것이 많아질수록 궁금증은 더욱 커져 갔지요.

"비는 왜 오는 걸까?
불을 뿜는 땅속에는 무엇이 있을까?
달은 왜 날마다 모양이 변하는 걸까?"

자연을 더 많이 알고 싶은 호기심,
과학은 바로 그 호기심에서 태어났습니다.

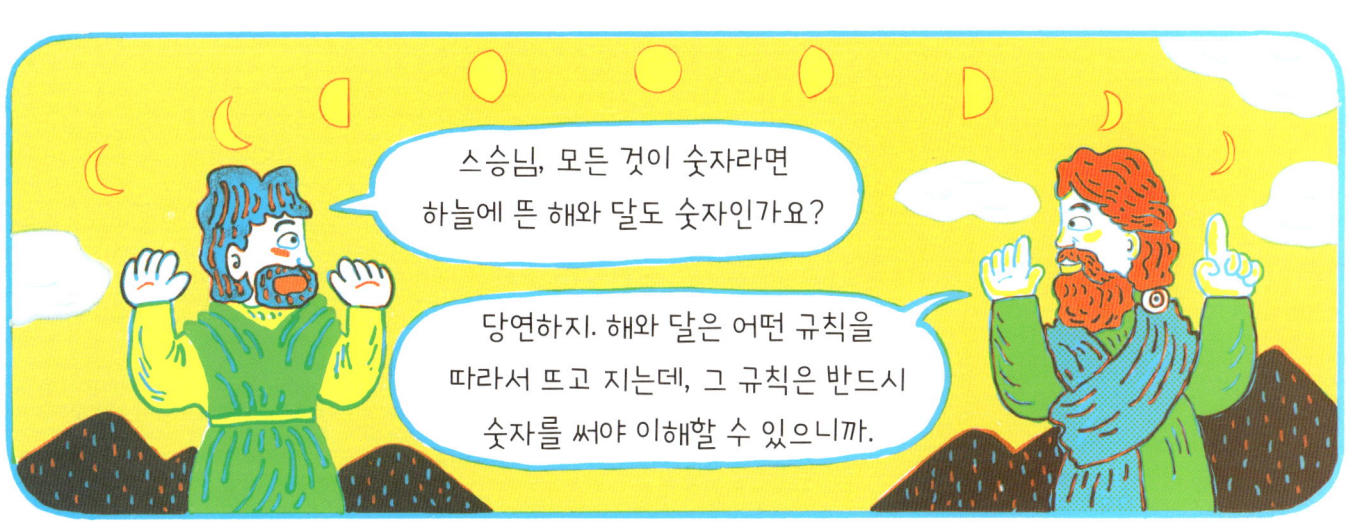

제자의 걱정과 달리, 피타고라스는 멀쩡했습니다.

내 입에서 나오는 말도 숫자다. 내 목소리도 숫자고, 세상 모든 소리는 숫자다!

이 말에는 아주 깊은 뜻이 숨어 있었지요.

피타고라스는 자연에서 나는 소리에 관심이 아주 많았습니다.

그는 팽팽하게 당긴 줄을 퉁겼을 때 나는 소리를 숫자로 표현해서

지금 우리가 사용하는 음계인 "도, 레, 미, 파, 솔…"을

만들었습니다. 어렵고 딱딱한 수학에서 아름다운

음악이 탄생한 것을 보면 수학은 우리 생각처럼

따분하지만은 않은가 봅니다.

피타고라스가 발견한 수학 규칙에 따라 줄의 길이를 조절하면
아름다운 소리를 내는 악기를 만들 수 있습니다.
줄의 길이가 길면 낮은 소리가 나고, 길이가 짧으면 높은 소리가 납니다.
이 줄들을 높낮이에 따라 나란히 늘어세우면 우아한 곡선이 만들어지지요.
그랜드 피아노, 하프, 실로폰, 팬플룻 등 많은 악기에는
이 우아한 곡선이 숨어 있답니다.

피타고라스는 자신을 따르는 수백 명의 제자와 함께
숫자를 열심히 연구해서 많은 사실을 알아냈습니다.
그러나 이들은 다른 사람들과 대화를 거의 나누지 않았기 때문에
바깥세상에는 '비밀에 싸인 신비한 모임'으로 알려졌지요.
게다가 이들이 모여 살던 건물에 큰불이 나서
피타고라스가 쓴 책은 모조리 타 버리고 말았답니다.

자연을 관찰하다 보면 궁금한 것이 많이 생깁니다.
"나무와 돌멩이는 왜 촉감이 다를까?
소금과 설탕은 왜 맛이 다를까?"
계속 캐묻다 보면 꼭 이런 질문을 하게 되지요.
"이 세상은 무엇으로 이루어져 있을까?"
그리스의 철학자 엠페도클레스는 이 질문에 답을 찾으려고
열심히 생각한 끝에 자신 있게 외쳤습니다.
"이 세상의 모든 물질은 물, 불, 흙, 공기로 이루어져 있다.
이 네 가지를 잘 섞으면 어떤 물질도 만들 수 있다!"

하지만 그보다 30년 후에 태어난 데모크리토스는 생각이 달랐습니다.
그는 물질을 계속해서 잘게 쪼개다 보면
더는 쪼갤 수 없는 '가장 작은 알갱이'가 된다고 주장하면서
그 알갱이를 **원자**라고 불렀지요.
데모크리토스는 모든 물질이 아주 작은 원자로 이루어져 있고,
원자의 종류에 따라서 나무나 돌멩이, 또는 소금이나 설탕이 된다고 믿었습니다.

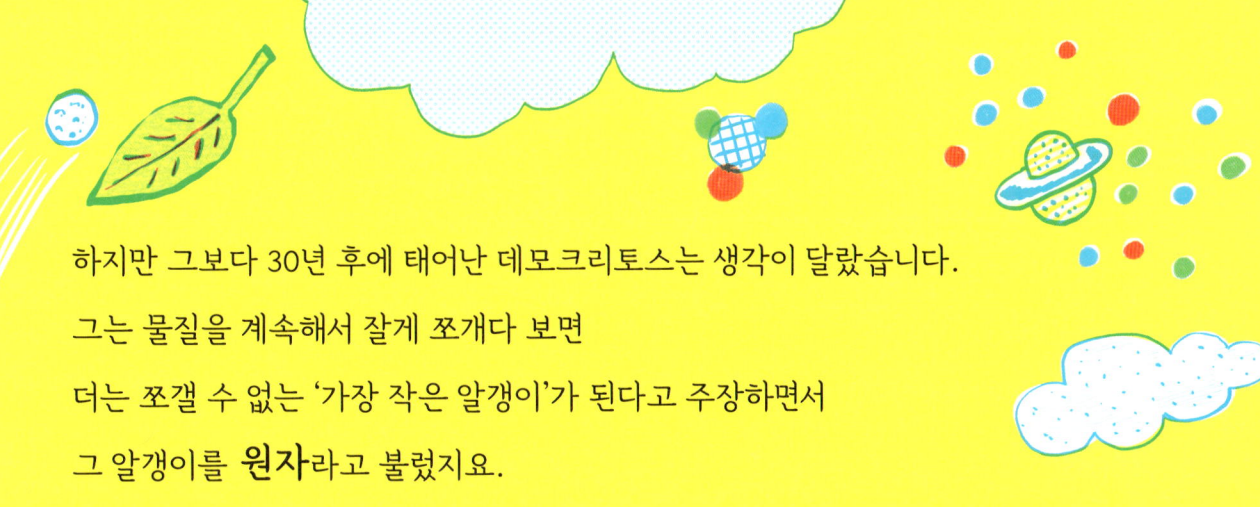

정말로 그랬습니다.
엠페도클레스의 4원소설은 천 년이 넘도록 사람들의 관심을 끌었지만,
데모크리토스의 원자설은 1900년대 초가 되어서야 비로소 사실로 확인되었습니다.
그의 주장이 받아들여질 때까지 무려 2400년이나 걸린 셈이지요.
알고 보니 태양과 달, 지구, 사람, 돌멩이, 물, 소금, 설탕 등
이 세상 모든 것은 데모크리토스가 말한 원자로 이루어져 있었습니다.

원자는 너무 작아서 눈에 보이지 않고 만질 수도 없지만
100가지가 조금 넘는 원자들이 이리저리 모여서
지금처럼 다양한 세상이 만들어진 것이랍니다.

교수님, 만일 이 세상에 커다란 재앙이 닥쳐서
후손들에게 과학 지식을
단 하나밖에 물려줄 수 없게 된다면,
어떤 지식을 물려주실 건가요?

그야 당연히 원자론이지.
모든 물질이 원자로
이루어져 있다는 것만 알면,
그 외의 모든 과학 지식을
다시 알아낼 수 있으니까!

1965년에 노벨상을 받은 최고의 물리학자 리처드 파인만

그리스는 가장 먼저 과학을 꽃피운 나라였지만,
우리에게 알려진 학자는 몇 안 되는 부유한 사람이었습니다.
대부분의 그리스인들은 가난과 질병에 시달리고 있었지요.
이 시기에 평범한 백성들을 위해 평생 의학을 연구한 학자가 있었는데,
그가 바로 데모크리토스와 같은 해에 코스섬에서 태어난 히포크라테스였습니다.
당시 사람들은 어떤 병이든 걸리기만 하면
나쁜 짓을 해서 신에게 벌을 받는다고 생각했지요.
그러나 히포크라테스는 그런 미신에 얽매이지 않고
과학적으로 환자를 치료한 최초의 의사였습니다.

히포크라테스는 코스섬에 세계 최초의 병원을 짓고
환자들을 치료했습니다. 필요한 경우에는 수술도 했지요.
그는 환자들의 증상을 일일이 분석하여 다양한 치료법을 개발했습니다.
환자를 진단해서 아픈 이유를 알아내고, 수술과 약으로 치료하는 지금의 의학은
히포크라테스로부터 시작된 것입니다.

요즘에도 전 세계의 의사들은 처음 의사 자격증을 받을 때
2500년 전에 만들어진 '히포크라테스 선서'를 낭독합니다.
의사가 되면 꼭 지켜야 할 덕목을 큰 소리로 읽으면서 마음을 다잡는 것이지요.

나는 스승님을 존경하고, 양심에 따라 의술을 행하겠노라.
그리고 환자의 건강을 가장 중요하게 생각하고, 환자의 비밀을 지키고,
의술의 고귀한 전통과 명예를 유지하고, 어쩌고저쩌고…
어떤 경우에도 나의 의술을 나쁜 곳에 쓰지 않겠노라, 에헴!

사랑이 영어로 '러브(love)'라는 건 모두 알고 있겠지요?

그렇다면 혹시 '플라토닉 러브'라는 말은 들어 봤나요?

이것은 그리스의 철학자 플라톤의 이름에서 따온 말이랍니다.

'몸은 가만히 있고, 오직 마음만으로 하는 사랑'을 플라토닉 러브라고 하지요.

왜냐하면 플라톤은 사람의 몸을 포함한 이 세상 모든 것은 가짜이고,

진짜는 하늘 어딘가에 숨어 있다고 주장했기 때문입니다.

진짜 사랑, 진짜 빵, 진짜 정사각형 등 모든 진짜가 존재하는 곳을

플라톤은 '이데아'라고 불렀습니다.

그러니까 진짜배기들은 모두 이데아에 있고,

이 세상에 있는 사랑과 빵 그리고 우리가 종이에 그린 정사각형은

진짜와 비슷하게 닮은 그림자, 즉 가짜라는 것이지요.

플라톤은 자신의 이런 생각을 사람들에게 가르치기 위해
'아카데미아'라는 학교를 세웠습니다.
세계 최초의 대학교인 셈이지요.
이곳에 모인 사람들은 탁자에 마주 앉아 포도주를 마시며
플라톤의 이데아에 대해 하루 종일 토론을 벌였습니다.
그러던 어느 날, 아리스토텔레스라는 청년이 아카데미아에 들어오면서
고대 그리스의 과학은 커다란 변화를 맞이하게 됩니다.

아리스토텔레스는 플라톤보다 무려 43살이나 어렸지만
이 세상 모든 것이 가짜라는 주장만은 도저히 받아들일 수 없었습니다.

> 스승님, 눈에 보이는 모든 것이 가짜라면
> 열심히 일할 필요도 없고, 착하게 살 필요도 없는 거 아닌가요?
> 내가 공부한 것도 가짜고 내가 사랑하는 사람도 가짜라는데
> 굳이 그런 고생을 할 필요가 없잖아요.

아리스토텔레스는 아카데미아에서 가장 똑똑한 학생이었습니다.
하지만 스승인 플라톤과 시도 때도 없이 말싸움을 벌였기 때문에
플라톤이 죽은 후에 아카데미아의 우두머리로 뽑히지 못했지요.
그러나 아리스토텔레스는 자신의 신념을 굽히지 않고 자연을 꾸준히 관찰해서
역사에 길이 남을 업적을 남겼습니다.
그중 몇 가지만 살펴볼까요?

아리스토텔레스는 500가지가 넘는 동물과 식물을 관찰해서 비슷한 것들끼리 묶어 놓았습니다. 전나무는 소나무보다 자작나무와 가깝고, 원숭이는 사람과 개의 중간이라는 식이지요. 그러니까 아리스토텔레스는 최초의 생물학자였던 셈입니다.

그리고 당시 사람들은 지구가 평평하다고 믿었는데,
어느 날부터 아리스토텔레스가 놀라운 주장을 펼치기 시작했습니다.

지구는 공처럼 둥글다.

아리스토텔레스는 월식* 때
달에 지는 그림자의 모양을 관찰했습니다.
항구를 떠난 배들이 수평선 너머로
사라지는 것도 보았지요.
지구가 평평하다면 배가 아주 작아질 때까지
계속 보였을 텐데, 배는 항상 아랫부분부터
바다에 잠기듯이 사라졌습니다.
이것은 누가 봐도 지구가 둥글다는
확실한 증거였지요.

● **월식** 지구의 그림자가 달을 가리는 현상. 월식이 일어났을 때 달은 마치 접시로 가린 것처럼 둥그란 모양으로 줄어듭니다.

그러나 뭐니 뭐니 해도 아리스토텔레스가 남긴 가장 위대한 업적은 과학적으로 생각하는 방법, 즉 논리학을 개발한 것이랍니다.
논리학에는 어려운 말로 '귀납법'과 '연역법'이 있습니다.

사물을 하나하나 개별적으로 관찰해서 일반적인 결론을 이끌어 내는 것이 귀납법입니다.

이렇게 일반적인 사실로부터 개별적인 사실을 짐작하는 것이 연역법이지요.

그 후로 전 세계의 모든 과학자들은 아리스토텔레스의 논리학에 따라 자연을 연구했습니다.

그래서 사람들은 아리스토텔레스를 '최초의 자연 과학자'라고 부른답니다.

모든 과학자가 이론만 연구한다면 과학은 별로 쓸모가 없습니다.
뜬구름 잡는 이야기만 하지 말고 모든 사람에게 이로운 물건을 만들어야 합니다.
이미 알려진 과학 지식을 이용해서 '발명'을 해야 하지요.
현대에는 에디슨, 라이트 형제, 마르코니 등 많은 발명가가 있지만
옛날 그리스의 학자들은 보통 사람들의 생활에 별 관심이 없었기 때문에
발명을 하겠다고 나서는 사람이 아주 드물었습니다.
이런 시대에 평생을 발명에 몰두했던 유별난 과학자가 있었으니,
그가 바로 아르키메데스였습니다.

젊었을 때부터 수학을 열심히 공부했던 아르키메데스는 커다란 나사를 돌려서 물을 길어 올리는 펌프를 발명했습니다. 덕분에 농사에 쓸 물과 마실 물을 마을 전체에 골고루 나눠 줄 수 있었지요.

또 무거운 돌을 멀리 던지는 투석기를 발명하여 그리스로 쳐들어온 로마 군대를 물리치기도 했답니다.

놀이터에 있는 시소도 아르키메데스의 발명품입니다.
기다란 널빤지의 가운데를 받침대로 고정하고
무거운 물체와 가벼운 물체를 양쪽 끝에 놓으면
무거운 쪽으로 기울어집니다.

그런데 받침대를 무거운 쪽으로 옮기면
널빤지가 수평이 되고 거기서 더 옮기면
오히려 가벼운 쪽으로 기울어지지요.

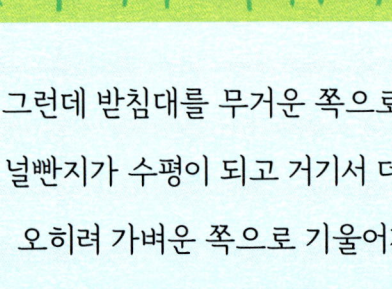

이 원리를 이용하여 무거운 물건을
들어 올리는 도구를 '지레'라고 합니다.

물론 심한 허풍이었지만, 아르키메데스의 지레 덕분에
사람들은 무거운 물건을 들어 올려 높은 건물을 지을 수 있게 되었지요.
그 외에 병따개, 손톱깎이, 못을 빼는 망치, 가위, 양팔 저울 등등
지레의 원리를 이용한 발명품은 요즘도 계속 만들어지고 있답니다.

2000~2500년 전에 살았던 옛날 사람들이
이렇게 다양한 과학 지식을 알아냈다니, 정말 놀랍지 않나요?
그 후에도 사람들이 그리스의 과학자들처럼 자연에 깊은 관심을 가졌다면
이 세상은 지금보다 훨씬 발전했을 겁니다.
그러나 안타깝게도 그 후에 태어난 사람들은
정치와 종교에 얽매여서 시도 때도 없이 전쟁을 벌였습니다.
그 바람에 그리스의 찬란했던 과학 문명은 사람들의 기억에서 잊혔지요.
그래서 역사학자들은 이 시기를 '암흑기'라고 부른답니다.
천 년이 넘는 세월 동안 과학이 제자리걸음을 한 것이지요.

지금 우리는 과학이 얼마나 중요한지 잘 알고 있기에
똑같은 실수를 두 번 다시 반복하진 않을 겁니다.
과학은 우리의 삶을 안전하고 풍요롭게 해 줄 뿐만 아니라
앞으로 나아갈 길을 밝혀 주는 등불이니까요.

 나의 첫 과학 클릭!

그리스의 과학자들

피타고라스
(기원전 580~500)

엠페도클레스
(기원전 490~430)

데모크리토스
(기원전 460~370)

히포크라테스
(기원전 460~377)

그리스 사모스섬에 있는 피타고라스 동상

히포크라테스가 환자를 치료했던 코스섬의 아스클레피오스 신전

현재 우리는 2020년대를 살고 있습니다.

그런데 그리스 과학자들이 살았던 시대는 지금으로부터 2200~2500년 전입니다.

지금처럼 1년, 2년… 세기 시작한 해보다 더 오래된 옛날은 '기원전 ~년'을 씁니다.

기원전으로 가면 숫자가 클수록 옛날이고, 숫자가 작을수록 지금과 가깝습니다.

플라톤 (기원전 427~347)

아리스토텔레스 (기원전 384~322)

아르키메데스 (기원전 287~212)

화가 라파엘로가 그리스의 철학자들을 그린 〈아테네 학당〉.
중앙에서 이야기를 나누고 있는 두 사람이 플라톤과
아리스토텔레스이다.

아르키메데스의 "유레카!"

어느 날, 시라쿠사의 왕이 아르키메데스를 궁전으로 불렀습니다.
왕은 얼마 전 대장장이한테 금덩어리를 주면서 왕관을 만들라고 명령했는데,
대장장이가 금에 은을 섞어서 왕관을 만든 것 같다며 의심하고 있었지요.
왕은 대장장이가 가져온 왕관을 아르키메데스에게 보여 주며
사실을 확인해 달라고 했습니다.
크기가 같은 금덩어리와 은덩어리를 저울에 달면 금이 더 무겁고
무게가 같은 금덩어리와 은덩어리의 크기를 비교하면 은이 더 큽니다.
왕이 대장장이에게 주었던 것과 똑같은 양의 금덩어리와
대장장이가 만든 왕관을 양팔 저울에 올려 보니 무게는 똑같았습니다.
그러니까 금덩어리와 왕관 중 어느 쪽이 더 큰지 알아내기만 하면 됩니다.
둘의 크기가 같으면 대장장이는 양심적인 사람이고,
왕관이 더 크면 대장장이는 왕관에 은을 섞은 것이 분명합니다.
하지만 왕관의 모양이 너무 복잡해서 크기를 알아내기가 어려웠지요.
고민에 빠진 아르키메데스는 기분 전환도 할 겸 동네 목욕탕에 갔다가

기막힌 아이디어를 떠올렸습니다.
이때 너무 기뻐서 옷도 입지 않은 채 "유레카(알았다)!"라고 외치며
사람들로 가득 찬 거리를 가로질러 연구실로 달려갔다고 합니다.
어떤 물건이건 물속에 들어가면 가벼워집니다.
물이 물건을 위로 밀어 올리기 때문이지요. 이 힘을 '부력'이라고 합니다.
그런데 아르키메데스는 물건이 클수록 부력도 커진다는 것을 알아냈습니다.
만일 대장장이가 금 대신 은을 섞어서 무게를 같게 만들었다면
왕관의 크기가 커졌을 테니 물속에서 금덩어리보다 큰 부력을 받겠지요.
아르키메데스는 금덩어리와 왕관을 양팔 저울에 올려놓은 채
통채로 물속에 담가 보았습니다.
그랬더니 크기가 조금 더 큰 왕관이 더 큰 부력을 받아서
평평했던 저울이 금덩어리 쪽으로 기울어졌습니다.

결국 대장장이가 만들었던 왕관에는 금보다 싼 은이 섞여 있었던 것이지요.
'물속에서는 큰 물체일수록 큰 부력을 받는다.'
이것이 바로 그 유명한 '아르키메데스의 원리'랍니다.

글 박병철

연세대학교 물리학과를 졸업하고 한국과학기술원(KAIST)에서 이론물리학 박사 학위를 받았습니다. 30년 가까이 대학에서 학생들을 가르쳤으며 지금은 집필과 번역에 전념하고 있습니다. 어린이 과학동화 《별이 된 라이카》, 《생쥐들의 뉴턴 사수 작전》, 《외계인 에어로, 비행기를 만들다!》를 썼습니다. 2005년 제46회 한국출판문화상, 2016년 제34회 한국과학기술도서상 번역상을 수상했으며, 옮긴 책으로는 《페르마의 마지막 정리》, 《파인만의 물리학 강의》, 《평행우주》, 《신의 입자》, 《슈뢰딩거의 고양이를 찾아서》 등 100여 권이 있습니다.

그림 김유대

어린 시절부터 그림 그리기를 좋아해서 어른이 된 지금도 재미있는 그림을 그리며 아이들에게 행복을 선물하고 있습니다. 대학에서 시각 디자인을 공부했고, 서울일러스트공모전에서 대상과 한국출판미술대전에서 특별상을 받았습니다. 그동안 그린 책으로 《나는 기억할 거야》, 《별별남녀》, 《럭키벌레 나가신다!》, 《도토리 사용 설명서》, 《강아지 복실이》, 《우리 몸 속에 뭐가 들어 있다고?》, 《날아라 슝슝공》, 《선생님 과자》 등이 있습니다.

나의 첫 과학책 1 — **최초의 과학자들**

1판 1쇄 발행일 2022년 9월 26일

글 박병철 | **그림** 김유대 | **발행인** 김학원 | **편집** 이주은 | **디자인** 기하늘
저자·독자 서비스 humanist@humanistbooks.com | **용지** 화인페이퍼 | **인쇄** 삼조인쇄 | **제본** 영신사
발행처 휴먼어린이 | **출판등록** 제313-2006-000161호(2006년 7월 31일) | **주소** (03991) 서울시 마포구 동교로23길 76(연남동)
전화 02-335-4422 | **팩스** 02-334-3527 | **홈페이지** www.humanistbooks.com

글 ⓒ 박병철, 2022 그림 ⓒ 김유대, 2022
ISBN 978-89-6591-457-0 74400
ISBN 978-89-6591-456-3 74400(세트)

- 이 책은 저작권법에 따라 보호받는 저작물이므로 무단 전재와 무단 복제를 금합니다.
- 이 책의 전부 또는 일부를 이용하려면 반드시 저작권자와 휴먼어린이 출판사의 동의를 받아야 합니다.
- **사용연령 6세 이상** 종이에 베이거나 긁히지 않도록 조심하세요. 책 모서리가 날카로우니 던지거나 떨어뜨리지 마세요.